QUALIDADE EM CASA

Entenda e Utilize de Maneira Simplificada
as Ferramentas de Qualidade
para Melhorar sua Vida

Flavio L. Mendes

Copyright © 2020 Flavio Luiz Mendes

Todos os direitos reservados.

Para meus familiares e amigos.

Contents

Title Page	1
Copyright	2
Dedication	3
INTRODUÇÃO	7
PORQUE UTILIZAR FERRAMENTAS DE QUALIDADE	9
DESCOMPLICANDO AS FERRAMENTAS DE QUALIDADE	11
Indicadores De Performance	12
Diagrama De Pareto	14
Fluxograma	16
Plano De Ações Ou 5W1H	20
Análise SWOT	22
5 Porquês Ou 5 Whys	24
Diagrama De Causa E Efeito Ou Diagrama De Ishikawa	27
Matriz GUT (Matriz De Priorização)	29
As 8 Disciplinas Para Resolução de Problemas Ou 8Ds	31
APLICANDO QUALIDADE EM CASA	34
Indicadores De Performance Para Monitorar O Desempenho Escolar Dos Filhos	35
Fluxograma Para Descrever Como Fazer Um Churrasco De Picanha	41
Plano De Ações Ou 5W1H Para Organizar uma Festa De Aniversário	48
Análise SWOT Para Ajudar um Amigo A Se Recolocar No Mercado De Trabalho	50
Ferramenta 5 Porquês Para Identificar A Causa Do Consumo	53

Excessivo De Água

Diagrama De Causa E Efeito Para Entender Causas Do Café Com Gosto Ruim — 55

Matriz GUT Para Priorizar A Execução Dos Reparos Na Casa — 57

8 Disciplinas Ou 8Ds Para Resolver o Problema De Cheiro De Fumaça No Apartamento — 60

CONSIDERAÇÕES FINAIS — 66

About The Author — 67

Introdução

Nesse livro explico com uma linguagem bem simples e menos técnica, como podemos utilizar algumas ferramentas de gestão da qualidade no nosso dia a dia, para tornar a nossa vida mais fácil e atingir nossos objetivos de forma mais eficiente.

Durante a minha carreira na área de qualidade, trabalhando como analista, supervisor, gerente e diretor de qualidade, em empresas familiares e multinacionais brasileiras, americanas e europeias, pude constatar, na prática, como a aplicação das ferramentas da qualidade ajuda essas empresas a reduzir custos, aumentar lucros e garantir que seus produtos sejam fabricados com a qualidade que o cliente espera receber. Então, comecei a aplicar estas mesmas ferramentas no meu dia a dia, em áreas da minha vida pessoal e obtive ótimos resultados.

Conversando com amigos e parentes sempre ouvi queixas de que as pessoas não se interessam em aprender como utilizar ferramentas de qualidade, porque o assunto é muito técnico e chato para quem não é da área. Então, dediquei algum tempo para pensar sobre como tornar esse tema mais fácil para que as pessoas possam entendê-lo melhor, mesmo que elas nunca tenham estudado sobre a qualidade ou trabalhado em empresas que têm um sistema de gestão da qualidade implementado.

Porque Utilizar Ferramentas De Qualidade

Imagine o seguinte cenário: o meu orçamento mensal está sempre no vermelho porque minhas despesas são maiores do que o salário que recebo mensalmente.

O cenário descrito é bastante comum na nossa sociedade atual, principalmente devido à alta eficiência das campanhas de marketing que nos bombardeiam, diariamente na TV, no rádio e na internet, a ideia de que a felicidade está no consumo desenfreado.

Consequentemente, é muito difícil não cair na tentação de comprar o novo modelo de telefone celular, do laptop, do sapato, da maquiagem, do carro... e a lista nunca termina.

E se não temos dinheiro? Sem problemas, parcelamos a compra no cartão de crédito!

E se não conseguir pagar a fatura do cartão? Problema nenhum, pagamos o valor mínimo da fatura este mês e, sem se preocupar com as taxas de juros absurdas, parcelamos o restante da dívida no crédito rotativo em 12 vezes.

> Nessa dinâmica, uma pessoa ou empresa corre sério risco de sofrer falência se não conseguir solucionar este desequilíbrio no orçamento. Uma forma de equilibrar o orçamento é conseguir um aumento de salário, mas infelizmente, na maioria dos casos, isso não é possível.
>
> Portanto, cortar gastos é a única opção que resta para equilibrar as contas. Mas, o corte de gastos feito de maneira aleatória, na maioria das vezes, não traz o resultado esperado (equilíbrio do orçamento) e acaba gerando frustração nas pessoas e nas empresas.

Neste caso, por exemplo, podemos aplicar uma ferramenta de qualidade chamada "Diagrama de Pareto" para definir qual gasto eu devo cortar primeiro, focando naqueles mais representativos e, assim equilibrar as contas de maneira eficiente.

Essa ferramenta foi desenvolvida pelo economista Italiano Vilfredo Pareto e pode ser usada para identificar o problema mais importante através do uso de diferentes critérios de medição, como frequência ou custo.

O diagrama de Pareto permite mostrar a importância de todas as condições, a fim de: escolher o ponto de partida para solução do problema, identificar a causa básica do problema e monitorar o sucesso.

Nos capítulos a seguir, explico de maneira bem simplificada e com linguagem menos técnica, como algumas ferramentas da qualidade funcionam e dou exemplos de como aplicá-las para solucionar problemas do nosso dia a dia.

Descomplicando As Ferramentas De Qualidade

Uma explicação bem simplificada de ferramentas de qualidade é dizer que elas são técnicas de gestão de processos, utilizadas principalmente nas indústrias desde a década de 50, para garantir a fabricação de produtos com o nível de qualidade requisitado pelos clientes, sendo esses clientes civis e/ou militares.

Mestres como Walter Shewhart, Kaoru Ishikawa, Joseph M. Juran e W. Edwards Deming, este último considerado o "Pai da Qualidade", desenvolveram ou ajudaram a disseminar algumas dessas técnicas e/ou ferramentas de qualidade pelo mundo inteiro, começando por países como os Estados Unidos da América (EUA) e o Japão.

A qualidade nos EUA, inicialmente, era focada na produção industrial e na segurança dos projetos militares, nucleares e espaciais. Abordagem essa, que ficou conhecida em inglês como "Quality Assurance" que pode ser traduzida para o português como Garantia de Qualidade.

No Japão, devido a necessidade de reconstrução da infraestrutura, indústria e economia do país após a destruição causada pela segunda guerra mundial, a discussão sobre qualidade originou-se com os especialistas americanos Joseph M. Juran e W. Edwards Deming; como consequencia, nascia o "TQM" ou "Total Quality Management", que traduzido para o Português significa Gestão da Qualidade Total. A seguir, temos a explicação de como algumas ferramentas da qualidade funcionam.

Indicadores De Performance

Peter Drucker, considerado por muitos o pai da administração moderna, disse que: "O que pode ser medido, pode ser melhorado".

Portanto, normalmente, as empresas que buscam monitorar, medir e melhorar seus processos, adotam um conjunto de indicadores que permitem avaliar seu desempenho nas áreas: econômico-financeiro, ambiental, social, de clientes, de fornecedores, de força de trabalho, de produtos e serviços. Na indústria, principalmente, são adotados indicadores de desempenho que variam desde questões operacionais até a saúde financeira. Por exemplo:

Total de horas trabalhadas: representa a quantidade de horas que foram dedicadas à produção. Quando a economia prospera e a demanda é alta, esses números sobem. Por outro lado, nos momentos de recessão ou baixa sazonalidade, a produção também cai. Analisando esse indicador, a empresa tem uma visão mais precisa sobre a variação de demanda por recursos operacionais e tem a possibilidade de melhorar o seu planejamento, a fim de comprar a quantidade ideal de matéria-prima, reduzir prejuízos e dimensionar equipes de maneira mais inteligente;

Nível de emprego: mostra a quantidade de profissionais que estão empregados. Quando a produção está em alta, esse número cresce, quando a demanda diminui e não dá sinais de reação, o nível de emprego cai e as empresas começam a demitir. Analisando esse indicador, a empresa planeja as suas contratações com antecedência. Quando a companhia conta com um número exato de profissionais para atender às demandas do mercado, ela evita gargalos operacionais e se torna mais inteligente;

Índice de turnover: representa a rotatividade de funcionários na empresa. Quanto maior esse índice, maior é a frequência de contratações e demissões. Este indicador identifica problemas relacionados às condições de trabalho e à cultura da empresa, que fazem com que os profissionais migrem para outras empresas.

Em conjunto, os indicadores de desempenho fornecem uma visão abrangente sobre todos os aspectos da empresa. Ao adotar indicadores como ferramenta de gestão, a empresa garante que o negócio tenha o melhor funcionamento possível.

Diagrama De Pareto

O Princípio de Pareto baseia-se no conceito de que, na maioria das situações, 80% das consequências são resultado de 20% das causas, ou regra dos 80/20. Isso pode ser muito útil para tratar não conformidades, identificar pontos de melhoria e definir que planos de ação devem ser implementados primeiro no que diz respeito a prioridade. Segundo a metodologia, os problemas que resultam em perdas, podem ser classificados da seguinte maneira:

Poucos vitais: representam poucos problemas que resultam em grandes perdas;

Muitos triviais: representam muitos problemas que resultam em poucas perdas.

O Diagrama de Pareto apresenta um gráfico de barras que permite determinar, pela frequência de ocorrência, quais problemas devem ser resolvidos primeiro. Segue exemplo de uma indústria de sacos plásticos que precisava reduzir custos com peças defeituosas na produção. Para decidir por onde começar, a empresa utilizou o Diagrama de Pareto para analisar quais defeitos ocorriam com maior frequência, resultando no gráfico a seguir.

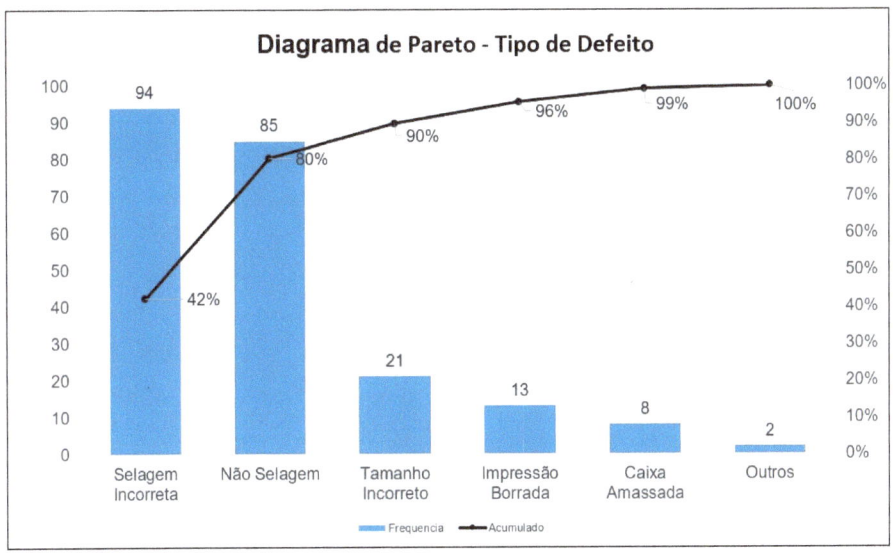

Note que é muito fácil observar no gráfico qual defeito deve ser atacado primeiro. Os defeitos relacionados a "selagem", são responsáveis por mais de 80% de todos os defeitos. Portanto, fica claro que o time de melhoria contínua deve focar esforços inicialmente nessa seção, começando pelos defeitos do tipo "selagem incorreta", levando em consideração que apenas esse tipo de defeito é responsável por mais de 40% dos defeitos totais.

Fluxograma

O fluxograma é utilizado para representar visualmente as etapas de um processo. Essa ferramenta faz uma ilustração sequencial de todas as etapas do processo, mostrando como cada etapa está relacionada com a anterior e posterior, utilizando símbolos facilmente reconhecidos para denotar os diferentes tipos de operações do processo. Existe uma gama gigantesca de símbolos que podem ser utilizados em um fluxograma para representar as etapas do processo. abaixo, uma breve explicação dos símbolos mais utilizados para criar um fluxograma:

Símbolo	Significado
⬭	Início ou fim do processo.
▭	Atividade a ser executada.
⟶	Direção do fluxo do processo.
⟫	Atraso ou espera no fluxo do processo.
⬦	Tomada de decisão.
◯	Conetor ou indicador de que o processo pára nesse ponto e continua em outro ponto a partir desse circulo com o mesmo número ou letra dentro.
▱	Documentação do processo.

As indústrias de fabricação, montagem e serviços utilizam bastante essa ferramenta, principalmente para descrever os procedimentos operacionais padrão, pois os funcionários da linha de produção conseguem entender a tarefa de maneira mais objetiva seguindo as etapas do fluxograma do que lendo páginas e mais páginas de procedimento escrito. Abaixo, segue um exemplo de um fluxograma do processo de fabricação de queijo:

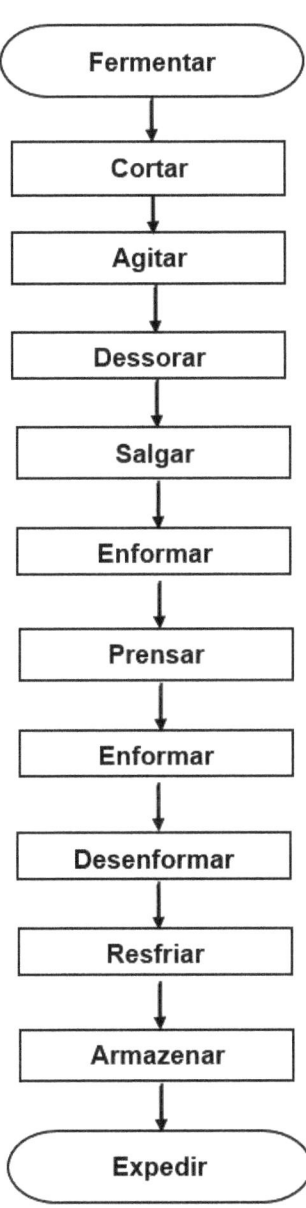

Checklist Ou Lista De Verificação

Uma das ferramentas mais simples e práticas para a gestão de processos em uma organização são as listas de verificação ou "checklists". Em muitas indústrias, as listas de verificação são a base para toda a estrutura de trabalho. Pense, por exemplo, na aviação. Cada profissional é reponsável por uma série de itens que devem ser verificados antes de um voo acontecer. Isto vai desde o funcionário que cuida das listas de passageiros até o piloto, passando pelas equipes de manutenção.

Listas de verificação servem como um lembrete que resume todos os pontos que devem ser avaliados em uma determinada operação. O objetivo não é detalhar cada processo, e sim servir como guia para o profissional. O fato é que por mais experiente que seja o profissional, ele nunca deve depender de sua memória para seguir uma sequência de passos. Ao mesmo tempo, ele pode não querer carregar consigo um manual completo de procedimentos. A lista de verificação é o equilíbrio entre estes dois fatores e garante que não estão sendo usados "atalhos" no processo. A seguir, um exemplo de um checklist utilizado para fazer a manutenção periódica dos compressores das linhas de produção na indústria.

QUALIDADE EM CASA

Checklist Do Compressor

EQUIPAMENTO: COMP -005

Check List

Ítens	Descrição	Conforme	Não Conforme	Observação/Medidas
1	Nível de óleo motor	X		
2	Nível de óleo hidráulico	X		
3	Nível de combustível	X		
4	Nível de água		X	O nível de água estava baixo e foi completado.
5	Conexão das mangueiras (fixação)	X		
6	Vazamento nas mangueiras	X		
7	Ruídos	X		
8	Bateria	X		
9	Parte elétrica	X		
10	Linha de serviço	X		
11	Extintor de incêndio	X		
12	Borrachas de vedação		X	As borrachas estão ressecadas e foi aberta a ordem de serviço OS-0120 para susbstituição das borrachas.
13	Registro de saída de ar	X		
14	Estado geral das mangueiras	X		
15	Abraçadeiras (fixação)		X	As abraçadeiras estavam folgadas e forar reapertadas.
16	Emissão de gases / ventilação do ambiente	X		

Observações: A previsão para conclusão da ordem de serviço OS-0120 é 20-Nov-2020.

Data: 15-Nov-20   **Local:** Linha de Produção 22

Responsável pela verificação: Antonio Carlos Almeida

Técnico de Segurança: José Pereira

Operador / Motorista: Paulo Saldanha

Plano De Ações Ou 5W1h

O método mais comum de plano de ações é o 5W1H. Ele recebe esse nome devido ao fato de que o termo deriva de várias palavras em inglês que são interpretadas como os questionamentos realizados ao objetivo planejado. Dessa forma, ele funciona como um mapeamento das atividades, onde ficará estabelecido o que será feito, quem fará o quê, em qual período de tempo, em qual área da empresa e todos os motivos pelos quais esta atividade deve ser feita. Nesse caso, temos 5 palavras em inglês iniciadas com a letra W e apenas 1 palavra em inglês que se inicia com a letra H, conforme descrito na tabela a seguir:

Ingles	Português	Definição
What	O que	O que será feito?
Why	Por que	Por que será feito?
Where	Onde	Onde será feito?
When	Quando	Quando será feito?
Who	Quem	Quem é o responsável por fazer?
How	Como	Como será feito?

O método 5W1H é bastante útil no planejamento de qualquer projeto ou objetivo que a empresa tenha como meta. Sobretudo, é uma ferramenta prática que permite, a qualquer momento, identificar dados e rotinas mais importantes de um projeto ou de uma unidade de produção. Também possibilita identificar quem é quem dentro da organização, o que faz e porque realiza tais atividades.

É comum que algumas pessoas prefiram confiar em sua memória para gerenciar pequenos projetos. No entanto, é altamente recomendado que seja utilizado um plano de ações para organizar e monitorar o andamento das tarefas a serem executadas.

Embora esta seja uma ferramenta muito simples, ela é muito poderosa e eficaz para gerenciar projetos e tarefas. A figura a seguir ilustra o plano de ações criado por um gerente de produção de uma empresa para melhorar os níveis dos indicadores de desempenho do setor de produção.

O que / What	Por que / Why	Onde / Where	Quem / Who	Quando / When	Como / How
Fazer inspeção de 5 S	Garantir os benefícios do programa	Almoxarifado	Jorge Paulo	5-Jan-20	Conforme roteiro de inspeção
Limpar area de produção	Garantir a qualidade do produto	Area de Produção	Fernando Bezerra	12-Jan-20	Com balde, pano, vassoura, detergente neutro, e agua
Enviar molde para jateamento	Diminuir numero de defeitos das peças	Jateamento do Brasil Ltda	Felipe Silva	29-Jan-20	Emitir nota fiscal no almoxarifado e retirar o molde da produção

Análise Swot

Essa ferramenta é normalmente utilizada na gestão e planejamento estratégico das empresas para fazer análise de cenário ou análise de ambiente, mas podendo, devido a sua simplicidade, ser utilizada para qualquer tipo de análise de cenário.

O termo SWOT é uma sigla oriunda do idioma Inglês, e é um acrônimo de Forças (Strength), Fraquezas (Weaknesses), Oportunidades (Opportunities) e Ameaças (Threats). Ela ajuda na tomada de decisão ao nível de poder maximizar as oportunidades do ambiente em torno dos pontos fortes da empresa e minimizar os pontos fracos e redução dos efeitos dos pontos fracos das ameaças. Esta análise de cenário se divide em:

Ambiente Interno:
Strengths - Vantagens internas da empresa em relação às empresas concorrentes;

Weaknesses - Desvantagens internas da empresa em relação às empresas concorrentes.

Ambiente Externo:
Opportunities - Aspectos positivos da envolvente com potencial de fazer crescer a vantagem competitiva da empresa;

Threats - Aspectos negativos da envolvente com potencial de comprometer a vantagem competitiva da empresa.

O ambiente interno pode ser controlado pelos dirigentes da empresa, uma vez que ele é resultado das estratégias de atuação definidas pelos próprios membros da organização. Desta forma, durante a análise, quando for percebido um ponto forte, ele deve ser ressaltado ao máximo, e quando for percebido um ponto fraco, a organização deve agir para controlá-lo ou, pelo menos, minimizá-lo.

Já o ambiente externo está totalmente fora do controle da

organização. Mas, apesar de não poder controlá-lo, a empresa deve conhecê-lo e monitorá-lo com frequência, de forma a aproveitar as oportunidades e evitar as ameaças.

Evitar ameaças nem sempre é possível, no entanto pode-se fazer um planejamento para enfrentá-las, minimizando seus efeitos. Segue um exemplo de análise de SWOT realizada para definir a estrategia de investimento anual de uma microempresa que presta serviços de reparação de câmeras digitais.

	POSITIVOS	NEGATIVOS
FATORES INTERNOS	- Profissionais competentes - Equipamentos de alto desempenho - Supervisão direta do proprietário - Localização central - Competência em multimarcas	- Capacidade de atendimento limitada - Gestão do conhecimento subutilizada - Software ERP subutilizado
FATORES EXTERNOS	- Aumento do consumo de aparelhos digitais - Políticas públicas favoráveis à micro e pequena empresa	- Indisponibilidade de componentes

5 Porquês Ou 5 Whys

Por vezes, no dia a dia do trabalho, há muita pressa e necessidade de agir rapidamente. Dessa forma, muitas empresas ao se depararem com alguma variabilidade, não a investiga, apenas tratam o sintoma. Contudo, assim como ocorre em seres humanos, quando trata-se o sintoma e não a causa, o problema tende a voltar.

Os 5 Porquês também conhecido em Inglês como 5 Whys é uma ferramenta simples para resolução de problemas que pode ter um impacto drástico no sentido de ajudar a descobrir a causa raiz dos mesmos. Frequentemente, quando encontramos um problema, temos a tendência de "passar o carro na frente dos bois" atacando os sintomas e criando ação sobre eles.

No entanto, o problema volta a ocorrer no futuro. Para evitar que isso aconteça, utilizamos a ferramenta 5 Porquês para descobrir a causa raiz de um problema, afim de eliminá-la e garantir que o problema não ocorra novamente.

Essa técnica consiste em se perguntar "por que" várias vezes acerca dos acontecimentos, até que a equipe sinta confiança em estar no controle da situação. Em alguns casos, descobrimos a causa raiz do problema após cinco ou mais perguntas, enquanto outros podem precisar de menos.

Perguntar cinco vezes não é uma regra imutável, isso vai depender da complexidade do problema que está sendo analisado pela equipe. Um dos segredos dos 5 Porquês, é responder as perguntas da forma correta e com critérios investigativos. Vejamos um exemplo abaixo.

Problema: Lâmpada de temperatura no painel do carro está acesa.

Neste caso, ao invés de agir no sintoma, como desligar a lâmpada do painel, foi aplicado a ferramenta 5 Porquês para encontrar a causa raiz do problema e eliminá-la:

	Pergunta	Resposta
1	**Por que** a lâmpada do painel está acesa?	Porque o motor do carro superaqueceu.
2	**Por que** o motor superaqueceu?	Porque o nível de água do radiador está baixo.
3	**Por que** o nível de água do radiador está baixo?	Porque há uma trinca vazando agua no radiador.
4	**Por que** o radiador trincou?	Porque, na estrada, uma pedra bateu no radiador.
5	**Por que** a pedra bateu no radiador?	Por que a proteção frontal do radiador está solta.
Causa Raiz do Problema: *A proteção frontal do radiador está solta.*		

Ações Corretivas para eliminar a causa raiz do problema:

1. Substituir o radiador trincado e arrumar;
2. Reforçar a proteção frontal do radiador.

No exemplo acima, é possível notar que somente após os 5 porquês, foi possível identificar a real causa do problema. Consequentemente, a ação corretiva tomada é totalmente diferente do que simplesmente desligar a lâmpada do painel ou completar o nível de água do radiador.

É importante considerar os 5 Porquês como uma ferramenta que possui limitações, pois fazer 5 perguntas não significa uma análise detalhada do problema investigado. É um método simples e pode ser usado juntamente com outros, como o Diagrama de Ishikawa por exemplo.

Diagrama De Causa E Efeito Ou Diagrama De Ishikawa

Também conhecido como Diagrama Espinha de Peixe, o Diagrama Ishikawa é uma ferramenta utilizada para a análise de dispersões no processo. O nome Ishikawa tem origem no seu criador, Kaoru Ishikawa que desenvolveu a ferramenta através de uma ideia básica:

Fazer com que as pessoas pensem sobre possíveis causas e razões que resultam em um problema.

Essa ferramenta possibilita investigar as verdadeiras causas dos problemas ou oportunidades de melhorias, mas vai além das causas principais e esmiúça também as causas secundárias. Para esmiuçar as causas, existem 6 categorias básicas que são conhecidas como Diagrama de Ishikawa 6M e que vão dar a forma de espinha de peixe:

Máquinas: equipamentos podem gerar falhas, por falta de manutenção ou operação de forma inadequada.

Mão de Obra: é toda causa que envolva ação de um colaborador. Imperícia, imprudência ou falta de qualificação na forma do colaborador executar o trabalho podem gerar muitos problemas.

Matéria-prima: matéria que foi utilizada para executar o trabalho. Causas podem estar na qualidade, por exemplo.

Método: forma utilizada para executar o trabalho, que podem gerar processos incorretos ou serem aplicados indevidamente.

Medição: avaliações realizadas de forma errada e levantamento de dados imprecisos.

Meio Ambiente: além dos fatores climáticos, envolvem também situações políticas ou de mercado.

Na representação gráfica do diagrama, uma linha principal horizontal aponta para o problema ou o efeito indesejado, que pode ser ilustrada como a cabeça do peixe.

Então coloca-se as causas como as espinhas, do lado esquerdo. Daí vem a comparação com a imagem de uma espinha de peixe, conforme figura a seguir.

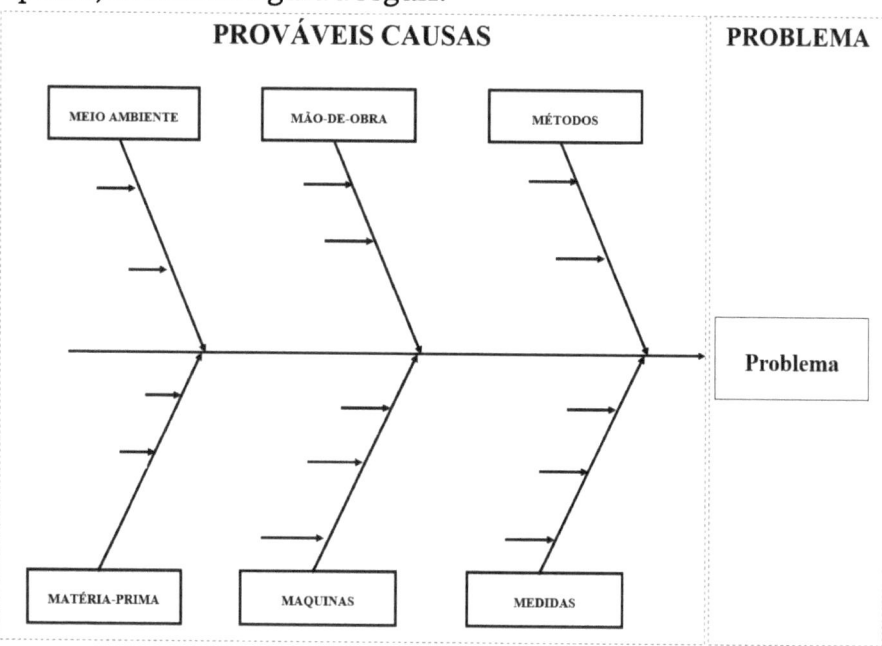

Matriz Gut (Matriz De Priorização)

A matriz GUT é utilizada em diversos contextos, como para planejamento estratégico, gestão de projetos e processos, na gestão pessoal e em qualquer situação que exija decidir o que fazer primeiro. Ela analisa três fatores básicos de qualquer problema e procura quantificar numericamente que problemas são mais graves.

A matriz serve para classificar cada problema de acordo com três critérios: gravidade, urgência de resolução e tendência de agravamento, por isso é conhecida pela sigla GUT.

Para cada um dos critérios GUT é atribuída uma nota, normalmente de 1 a 5 e, ao final, esses valores são multiplicados, resultando a pontuação da GUT, conforme abaixo:

Gravidade (G)	Urgência (U)	Tendência (T)
1 - Sem gravidade	1 - Pode esperar	1 - Não irá mudar
2 - Pouco grave	2 - Pouco urgente	2 - Irá piorar a longo prazo
3 – Gravidade média	3 - Urgente	3 - Irá piorar a médio prazo
4 - Muito grave;	4 - Muito urgente	4 - Irá piorar a curto prazo
5 – Extremamente Grave	5 - Imediatamente	5 - Irá piorar rapidamente

O passo a passo para utilizar a ferramenta consiste em:
- Listar os problemas a serem tratados;Definir as notas para os critérios da GUT;Multiplicar as notas dadas aos critérios da GUT para definir a prioridade de cada problema.

Por meio da utilização dessa ferramenta, é possível definir de forma concreta, com uma escala numérica, quais problemas são mais prejudiciais. Assim, é possível priorizar melhor as atividades, conforme exemplo a seguir de um restaurante que precisava tratar as reclamações de clientes.

Problema	Gravidade	Urgência	Tendência	GxUxT	Prioridade
Poucas opções de refeições Diet e Light	2	2	3	12	6º
Falta de vagas de estacionamento	4	3	4	48	3º
Demora no preparo e entrega da refeição	5	5	5	125	1º
Poucas opções de pratos vegetarianos	3	3	3	27	5º
Falta de área de fumantes	2	2	2	8	7º
Atendentes não falam inglês	3	3	4	36	4º
O ambiente é muito apertado	5	4	4	80	2º

Como foi priorizado na matriz GUT, o restaurante irá tratar primeiro das reclamações de clientes relacionadas à demora no preparo e entrega da refeição, posteriormente serão tratadas as demais reclamações na seguinte ordem:

1. O ambiente é muito apertado;
2. Falta de vagas de estacionamento;
3. Atendentes não falam inglês;
4. Poucas opções de pratos vegetarianos;
5. Poucas opções de refeições Diet e Light e Falta de área de fumantes.

As 8 Disciplinas Para Resolução De Problemas Ou 8Ds

A metodologia de resolução de problemas 8D, ou as 8 disciplinas para resolução de problemas, foi desenvolvido pela Ford Motor Company. Assim, como as metodologias PDCA, DMAIC, FMEA, a 8D também é utilizado por diversas empresas de vários setores para tratativa de problemas e melhoria processos. A metodologia tem esse nome por ser composta por 8 disciplinas, dando origem à sigla 8D que são as etapas a serem percorridas para resolver um problema. São essas as disciplinas:

Selecionar o time: Esse é o time que trabalhará para resolver o problema. O time deve ser multidisciplinar, composto de pessoas chave, que poderão contribuir para chegar à solução do problema e que, de certa forma, são impactadas pelo problema em questão. Podem ser pessoas de diversas áreas, mas que poderão gerar valor nessa solução.

Definir o problema: Deve-se especificar quem, o que, quando, onde, por que, como e quantos; para garantir que a equipe foque no problema certo. Além disso, é preciso analisar os riscos que o problema está causando, por exemplo, para a saúde ou a vida das pessoas. É importante garantir que a equipe entenda toda a extensão do problema.

Conter o problema e aplicar correção temporária: Esta etapa é extremamente importante, pois além de resolver o problema e impedir que ele ocorra novamente, é preciso contê-lo e corrigir o seu sintoma. Quanto mais próximo da origem o problema for contido e seu sintoma corrigido, menor será o custo de retrabalho e a insatisfação do cliente.

Identificar a causa raiz: Para evitar que o problema volte a ocorrer no futuro, é importante encontrar e eliminar a causa raiz do problema. Uma boa sugestão é utilizar as ferramentas do Diagrama de Ishikawa ou dos 5 Porquês para fazer a análise de causa raiz.

Implementar ação corretiva permanente: Deve-se definir as ações corretivas para eliminar as causas raízes do problema e testá-la cuidadosamente antes de sua implementação, pois assim, evita-se que a ação corretiva gere novos problemas ou resolva o problema parcialmente somente. Então, deve-se elaborar o plano de ações e documentá-lo. Nesse caso, é muito comum utilizar-se uma abordagem 5W1H para documentar o plano de ações.

Verificar eficácia das ações: Após a implementação das ações corretivas, deve-se realizar a análise de eficácia das ações através de medição e acompanhamento de repetição do problema. Se após período determinado de tempo (conforme definido pelo time), o problema não voltar a ocorrer, as ações implementadas poderão ser consideradas eficazes.

Medidas preventivas e institucionalização em toda a organização: Após confirmada a eficácia das ações corretivas, deve-se analisar outros processos semelhantes na empresa para identificar se há potenciais causas de problemas semelhantes ao que foi eliminado. Se encontradas, deve-se agir preventivamente para eliminar essas causas de potenciais problemas antes que o problema ocorra. Dessa forma, o custo da qualidade é reduzido.

Comemore o sucesso da equipe: O último passo no processo é comemorar e premiar o sucesso da sua equipe. Diga "obrigado" a todos os envolvidos e seja específico sobre como o trabalho duro de cada pessoa fez a diferença. Se apropriado, planeje uma festa ou celebração para comunicar sua apreciação.

Após comemorar, é momento de encerrar a equipe e cada um volta apenas para as atividades cotidianas referentes a sua função. No futuro, essa equipe poderá novamente se juntar para resolver outros problemas aplicando a mesma metodologia.

Aplicando Qualidade Em Casa

Agora que já descomplicamos algumas ferramentas de qualidade nos capítulos anteriores e adquirimos o conhecimento básico necessário sobre as ferramentas de qualidade e suas utilizações, podemos partir para a parte mais divertida e interessante que é aplicar as ferramentas de qualidade no nosso dia a dia.

Quando não temos conhecimento sobre essas ferramentas e os problemas surgem, por mais esforço que façamos, os problemas acabam por ocorrer novamente e isso nos causa enorme frustação. Já ouvi de amigos que, por esse motivo, a melhor alternativa então, seria desistir de resolver o problema e conviver com seus sintomas.

Mas, as ferramentas de qualidade, se empregadas corretamente, solucionam os problemas de forma definitiva. E é esse efeito que veremos nos exemplos reais descritos nos próximos capítulos.

Indicadores De Performance Para Monitorar O Desempenho Escolar Dos Filhos

Uma amiga tinha dificuldade em acompanhar o desempenho escolar dos filhos de maneira eficiente, pois como mãe solteira, o seu dia a dia é muito corrido. Então, decidiu aplicar os indicadores de performance para monitorar o desempenho escolar dos filhos.

Inicialmente, ela era a única na família que acompanhava e analisava os indicadores para decidir que ações tomar em relação as notas escolares dos filhos. Então, instalou um quadro de gestão à vista na área de festas da casa, onde é possível ver os gráficos com os indicadores de cada um dos filhos, conforme os seguintes critérios:

- Os professores distribuem 25 pontos por bimestre, totalizando 100 pontos ao ano;Os alunos precisam atingir, no mínimo 60% da nota distribuída para serem aprovados;Foram estabelecidas 2 metas para cada aluno:

Atingir 60% da nota distribuída em todas as matérias (Bimestralmente e no acumulado total do ano);
Atingir 90% da nota distribuída em pelo menos metade das matérias (no acumulado total do ano).

Também foram acordadas com os meninos e familiares as seguintes recompensas, caso as metas definidas fossem atingidas:

Se os alunos atingirem a primeira meta, ou seja, obter a nota mínima para serem aprovados com conceito C em cada matéria na escola, irão receber o reconhecimento verbal dos familiares e amigos sendo elogiados na frente de todos os participantes do nosso churrasco bimestral e da nossa festa de Réveillon.

Se os alunos atingirem a segunda meta, ou seja, obter a nota mínima para serem aprovados com conceito A em pela metade das matérias na escola (4 de 8), receberão o reconhecimento verbal dos familiares e amigos sendo elogiados na frente de todos os participantes do nosso churrasco bimestral e da nossa festa de Réveillon; adicionalmente ainda, irão receber um aumento de 15% da mesada para o próximo ano.

Com o passar do tempo, os meninos começaram a prestar mais atenção nos indicadores do quadro de gestão à vista e disputar entre si quem conseguia os melhores resultados a cada bimestre. Além disso, a nota de ambos subiu consideravelmente e também é muito fácil identificar as matérias em que eles tem mais dificuldade e as que cada um domina com mais facilidade.

Portanto, além de futebol, truco, filmes e séries, o assunto "notas escolares" passou, naturalmente, a ser o tópico mais discutido durante os churrascos e festas entre amigos e familiares. Abaixo está o quadro com os indicadores de performance adotados e o desempenho de cada aluno no último ano.

QUALIDADE EM CASA

Anual- Acumulado Carlos & Pedro

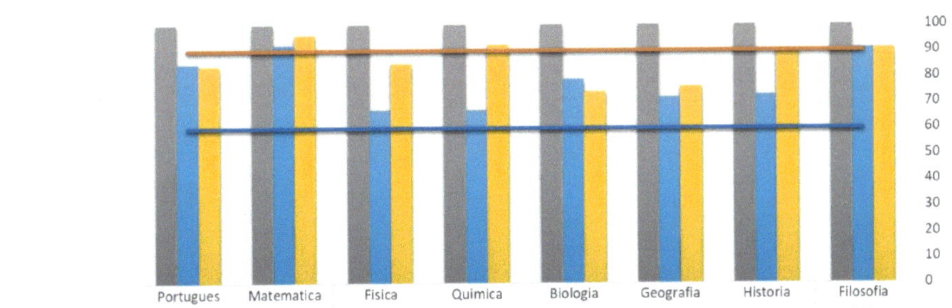

	Portugues	Matematica	Fisica	Quimica	Biologia	Geografia	Historia	Filosofia
Nota Distribuida	100	100	100	100	100	100	100	100
Nota Carlos	85	92	67	67	79	72	73	91
Nota Pedro	84	96	85	92	74	76	90	91
1º Objetivo	60	60	60	60	60	60	60	60
2º Objetivo	90	90	90	90	90	90	90	90

Acumulado Anual - Comparativo Carlos x Pedro

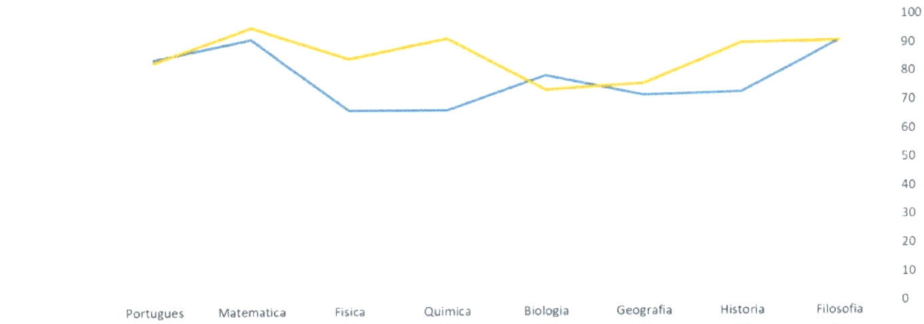

	Portugues	Matematica	Fisica	Quimica	Biologia	Geografia	Historia	Filosofia
Nota Carlos	85	92	67	67	79	72	73	91
Nota Pedro	84	96	85	92	74	76	90	91

1º Bimestre - Carlos & Pedro

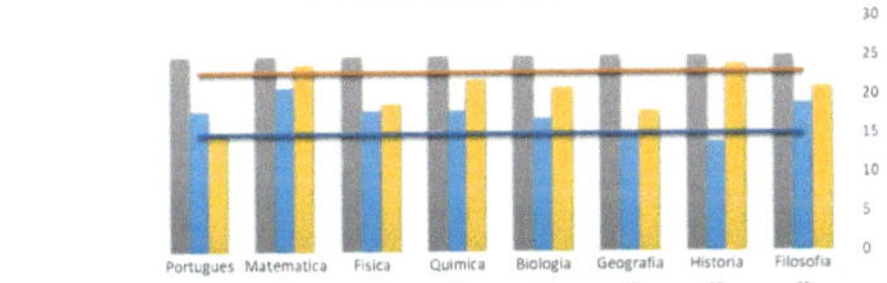

	Portugues	Matematica	Fisica	Quimica	Biologia	Geografia	Historia	Filosofia
Nota Distribuida	25	25	25	25	25	25	25	25
Nota Carlos	18	21	18	18	17	15	14	19
Nota Pedro	15	24	19	22	21	18	24	21
1º Objetivo	15	15	15	15	15	15	15	15
2º Objetivo	23	23	23	23	23	23	23	23

1º Bimestre - Comparativo Carlos x Pedro

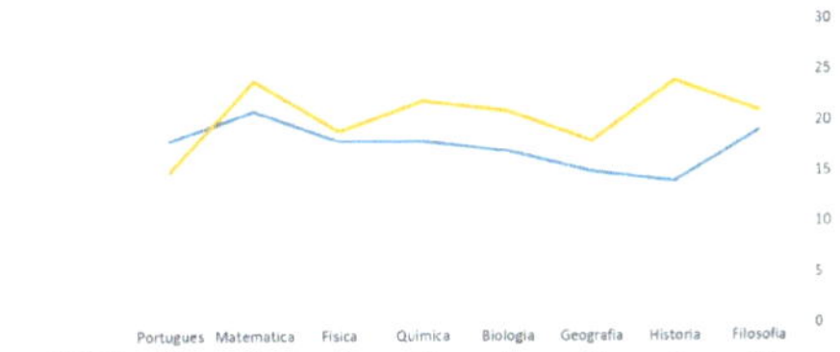

	Portugues	Matematica	Fisica	Quimica	Biologia	Geografia	Historia	Filosofia
Nota Carlos	18	21	18	18	17	15	14	19
Nota Pedro	15	24	19	22	21	18	24	21

2º Bimestre - Carlos & Pedro

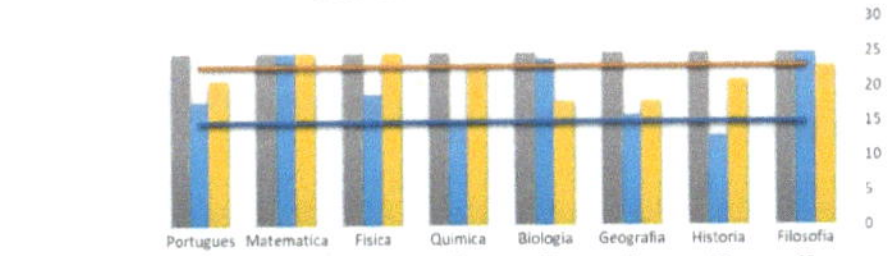

	Portugues	Matematica	Fisica	Quimica	Biologia	Geografia	Historia	Filosofia
Nota Distribuida	25	25	25	25	25	25	25	25
Nota Carlos	18	25	19	15	16	13	13	25
Nota Pedro	21	25	25	23	18	18	21	23
1º Objetivo	15	15	15	15	15	15	15	15
2º Objetivo	23	23	23	23	23	23	23	23

2º Bimestre - Comparativo Carlos x Pedro

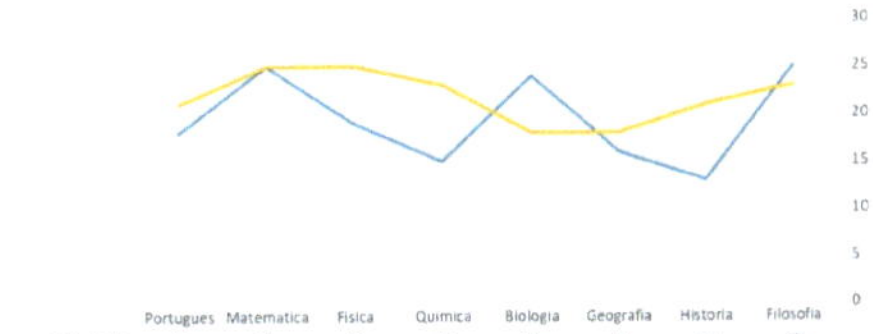

	Portugues	Matematica	Fisica	Quimica	Biologia	Geografia	Historia	Filosofia
Nota Carlos	18	25	19	15	24	16	13	25
Nota Pedro	21	25	25	23	18	18	21	23

FLAVIO LUIZ MENDES

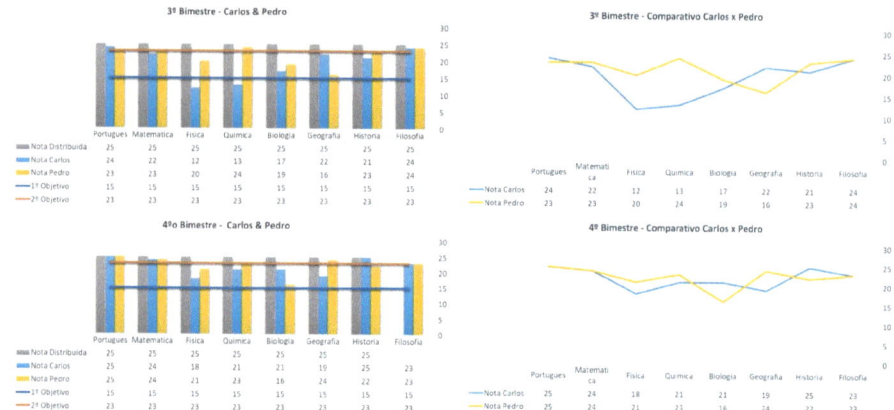

QUALIDADE EM CASA

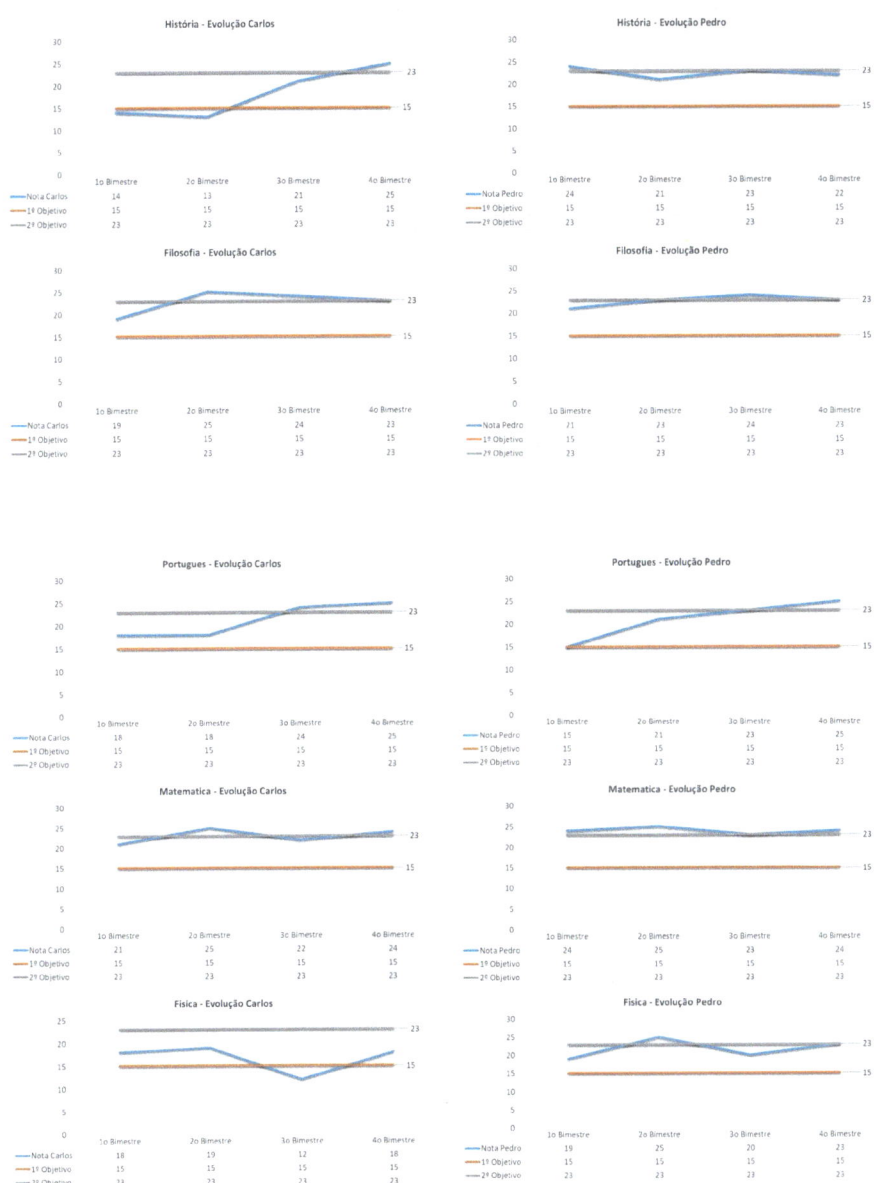

FLAVIO LUIZ MENDES

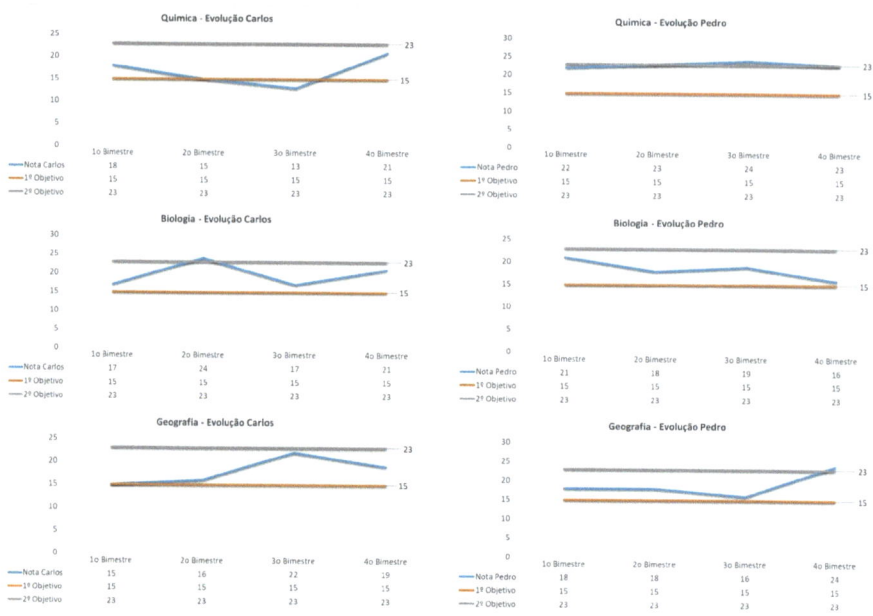

Fluxograma Para Descrever Como Fazer Um Churrasco De Picanha

Como a maioria dos brasileiros, eu sou um amante do churrasco. Não somente da carne em si, mas também o ritual: estar junto dos amigos, familiares, conversar e passar o tempo curtindo a presença de cada um, tomando um bom Chopp gelado ou vinho malbec para acompanhar.

Eu gosto muito de preparar um bom churrasco de picanha e, é claro, comer a picanha. Não dá para negar, que essa carne é um clássico do churrasco. Sua maciez, suculência e sabor são inconfundíveis. Porém, essas características podem ser alteradas se o churrasqueiro não tomar alguns cuidados na hora do preparo.

Na hora de escolher a picanha no açougue é muito importante que ela tenha uma capa de gordura de pelo menos 1 cm de espessura e firme. O churrasco de picanha não tem muitos segredos e é bem simples, pois demanda menos tempo na grelha do que os outros tipos de carne.

Quando faço churrasco de picanha aqui em casa, é comum as pessoas elogiarem bastante e pedirem dicas de como preparar a carne da forma que faço: assada por fora e suculenta por dentro ao mesmo tempo. Normalmente respondo que, o ponto fundamental é escolher uma peça que tenha um bom marmoreio, ou seja, pontos de gordura entremeada na peça, porque isso traz maciez, sabor e suculência para a carne. Conforme a foto abaixo:

Eu prefiro o ponto da carne "mal-passada" ou "um ponto menos". No entanto, a grande maioria das pessoas prefere a carne "ao ponto". Uma boa dica para assar a picanha, é cortá-la em postas de aproximadamente 5 cm de espessura. Pois assim ela assa mais rápido e fica bem suculenta, como na figura a seguir:

Normalmente, para explicar como fazer uma picanha, em postas de aproximadamente 5 centímetros, suculenta, rosada por dentro e grelhadinha por fora, conforme a da foto acima, eu poderia simplesmente escrever o passo a passo em forma de receita.

No entanto, uma representação visual da receita seria muito mais fácil de entender e ficaria mais prático para o churrasqueiro seguir o passo a passo da receita. Nesse sentido, a ferramenta utilizada na qualidade chamada Fluxograma, é a forma mais simplificada de representar visualmente as etapas de um processo. Portanto, preparei um fluxograma explicando o passo a passo da receita.

Posso afirmar com muita certeza de que se o churrasqueiro seguir os passos descritos no fluxograma abaixo, utilizando uma boa peça de picanha marmorizada, o churrasco vai render inúmeros elogios com certeza.

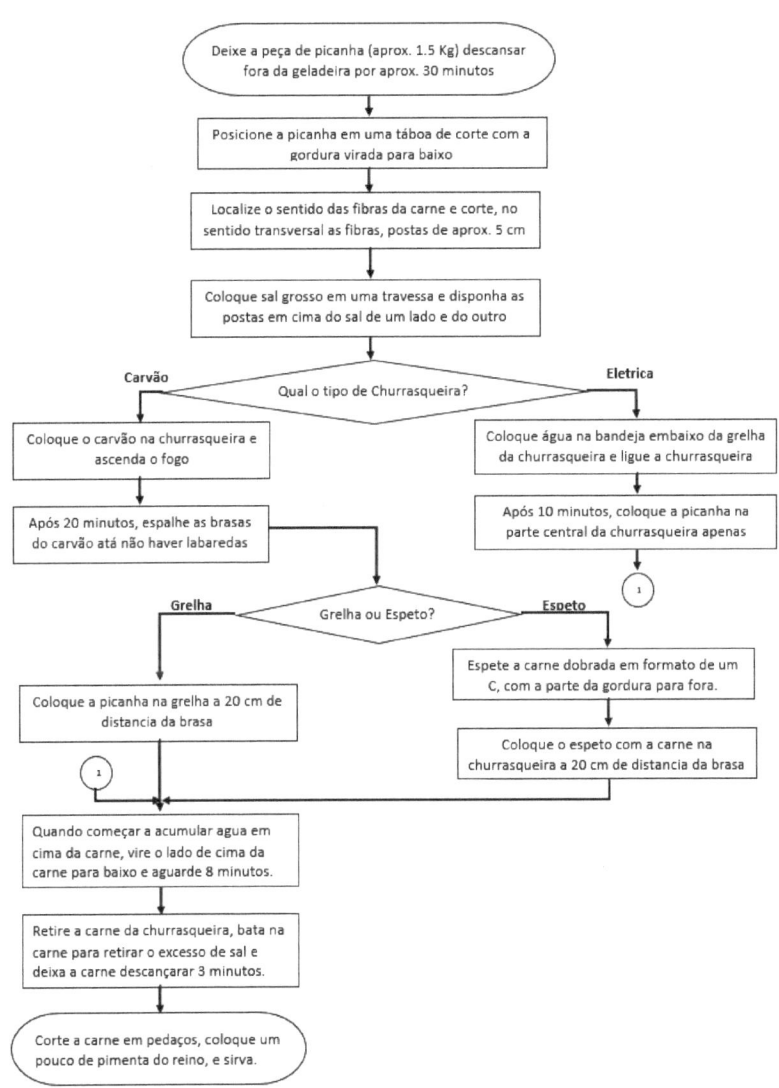

Check List Ou Lista De Verificação Para Fazer Faxina Da Casa

Como trabalho fora o dia inteiro, não tenho condições de ficar em casa nos dias em que a diarista está dando faxina na minha residência. Então, era normal eu chegar em casa à noite e encontrar vários pontos da casa que não havia sido limpo ou não estavam organizados como eu gostaria.

Assim, eu precisava conversar com a diarista, informar minha insatisfação e pedir para que ela não esqueça de limpar e organizar esses pontos da próxima vez que fizesse a faxina no imóvel. Além de demonstrar constrangimento, a diarista pedia desculpas e prometia que não iria mais esquecer de limpar e organizar os pontos conforme solicitado. E de fato, nas próximas faxinas ela não esquecia mesmo. No entanto, com o passar do tempo, ela esquecia novamente e eu tinha que reclamar de novo com ela.

Meus amigos sempre me perguntavam porque eu não trocava de diarista, pois acreditavam que isso resolveria o problema. Mas eu nunca acreditei que a causa raiz dos problemas seja as pessoas, mas sim a organização dos processos. Portanto, não tinha convicção que trocar de diarista solucionaria o problema definitivamente. Além disso, eu confiava totalmente nessa diarista, pois ela estava com a nossa família há muito tempo e eu não queria outra pessoa sozinha em minha casa o dia inteiro enquanto eu estivesse fora.

Após refletir um pouco sobre as possíveis causas do problema, cheguei à conclusão de que a principal causa era "confiar somente na memória da diarista". Portanto, para eliminar essa causa raiz e solucionar o problema definitivamente, decidi implementar um checklist ou lista de verificação para ser utilizado pela diarista contendo todos os pontos que precisavam ser limpos e organizados.

Preparei uma versão inicial do checklist das tarefas a serem executadas durante a faxina residencial. Apresentei essa versão do documento para a diarista, que fez algumas adaptações. Eu revisei o documento e após, concordarmos sobre a versão final da lista de vericação verificação, a diarista começou a utilizá-la.

O resultado da implementação do checklist foi bem satisfatório tanto para mim, quanto para a diarista, pois não tenho mais reclamações e ela não precisa ficar lembrando das tarefas a serem realizadas, basta seguir o checklist. Hoje em dia, eu apenas chego do trabalho e verifico o checklist preenchido pela diarista, onde ela marca todos os pontos que foram limpos e organizados e, quando necessário, ela se encarrega de anotar observações como "lâmpada queimada na área de serviço precisa ser trocada", "Precisa comprar mais sabão em pó", "A máquina de lavar está fazendo barulho diferente, precisa ser revisada", etc.

Nas próximas páginas, apresento o checklist das tarefas a serem executadas durante a faxina residencial não preenchido.

LISTA DE VERIFICAÇÃO ou CHECKLIST DE FAXINA RESIDENCIAL

Instruções:

- Marque com um "X" a opção "SIM" quando terminar de executar a tarefa.
- Marque com um "X" a opção "NÃO" se a tarefa não foi executada e informe na coluna de "Observações" o motivo.

DATA DE EXECUÇÃO DA FAXINA: _____

NOME DA DIARISTA: _____

ASSINATURA: _____

AMBIENTE DA CASA	DESCRIÇÃO DA TAREFA A SER EXECUTADA DURANTE A FAXINA	TAREFA EXECUTADA? SIM	TAREFA EXECUTADA? Não	OBSERVAÇÃO, JUSTIFICATIVA OU LEMBRETE
Banheiro da Área de Festas	Trocar toalhas			
	Recolher objetos espalhados			
	Limpar vaso Sanitário			
	Limpar pia			
	Verificar validade dos produtos			
	Repor papel higienico			
	Varrer o chão			
	Esvaziar lixeiras			
	Limpar espelho			
	Lavar a janela			
	Lavar as paredes e piso			
Banheiro da Suite de Casal	Trocar toalhas			
	Recolher objetos espalhados			
	Limpar vaso Sanitário			
	Limpar pia			
	Verificar validade dos produtos			
	Repor papel higienico			
	Lavar Box e Banheira			
	Varrer o chão			
	Esvaziar lixeiras			
	Limpar espelho			
	Lavar a janela			
	Lavar as paredes e piso			
Banheiro da Social	Trocar toalhas			
	Recolher objetos espalhados			
	Limpar vaso Sanitário			
	Limpar pia			
	Verificar validade dos produtos			
	Repor papel higienico			
	Lavar Box e Banheira			
	Varrer o chão			
	Esvaziar lixeiras			
	Limpar espelho			
	Lavar a janela			
	Lavar as paredes e piso			

LISTA DE VERIFICAÇÃO ou CHECKLIST DE FAXINA RESIDENCIAL

Instruções:

- Marque com um "X" a opção "SIM" quando terminar de executar a tarefa.
- Marque com um "X" a opção "NÃO" se a tarefa não foi executada e informe na coluna de "Observações" o motivo.

DATA DE EXECUÇÃO DA FAXINA: _____

NOME DA DIARISTA: _____

ASSINATURA: _____

AMBIENTE DA CASA	DESCRIÇÃO DA TAREFA A SER EXECUTADA DURANTE A FAXINA	TAREFA EXECUTADA?		OBSERVAÇÃO, JUSTIFICATIVA OU LEMBRETE
		SIM	Não	
Quarto do Casal	Trocar as roupas de cama			
	Recolher a roupa suja			
	Organizar o guarda roupas			
	Organizar os calçados			
	Tirar poeira dos móveis			
	Varrer o chão			
	Trocar tapetes			
	Limpar espelho			
	Limpar as cortinas			
	Lavar as janelas			
	Aspirar o carpete			
Quarto do filho (Carlos)	Trocar as roupas de cama			
	Recolher a roupa suja			
	Organizar o guarda roupas			
	Organizar os calçados			
	Tirar poeira dos móveis			
	Varrer o chão			
	Trocar tapetes			
	Limpar espelho			
	Limpar as cortinas			
	Lavar as janelas			
	Aspirar o carpete			
Quarto do filho (Pedro)	Trocar as roupas de cama			
	Recolher a roupa suja			
	Organizar o guarda roupas			
	Organizar os calçados			
	Tirar poeira dos móveis			
	Varrer o chão			
	Trocar tapetes			
	Limpar espelho			
	Limpar as cortinas			
	Lavar as janelas			
	Aspirar o carpete			
Escritório	Organizar a mesa de trabalho e cadeiras			
	Recolher objetos espalhados			
	Organizar as prateleiras de livros			
	Tirar poeira dos móveis			
	Varrer o chão			
	Esvaziar lixeiras			
	Limpar as cortinas			
	Trocar tapetes			
	Limpar espelho			
	Lavar as janelas			
	Aspirar o carpete			

Plano De Ações Ou 5W1h Para Organizar Uma Festa De Aniversário

Na maioria das famílias, assim como na minha, sempre tem aquela pessoa que adora organizar as festas, sejam elas de aniversário, natal, ano novo, ou qualquer outro tipo de festa. Normalmente, os demais membros da família e amigos apenas contribuem com dinheiro e desfrutam da festa.

A dinâmica descrita acima funciona muito bem quando tudo dá certo e ninguém tem reclamações a fazer. Mas infelizmente, algumas pessoas não ficam satisfeitas com alguma coisa e reclamam da festa. Isso acaba causando enorme frustração no organizador da festa e, em alguns casos, é motivo de animosidade entre familiares e amigos.

Portanto, discutindo o assunto com a minha tia Carla (a organizadora de festas da família), sugeri que ela utilizasse a ferramenta "Plano de Ações ou 5W1H" para gerenciar todas as atividades necessárias para organizar a festa de aniversário do nosso sobrinho Pedro.

Inicialmente, a minha tia foi resistente a adotar o 5W1H, pois não conhecia a ferramenta e não tinha certeza se seria realmente útil. Então, precisei dedicar um tempo para treiná-la em como utilizar a ferramenta.

Após o treinamento, ela não só se convenceu a utilizar o plano de ações, como também treinou a sua irmã (Cássia) e mais uma amiga (Maria) que juntas formaram o comitê organizador da festa. Esse comitê se reuniu e elaborou o plano de Ações ou 5W1H a seguir.

PLANO DE AÇÕES PARA ORGANIZAÇÃO DA FESTA DE ANIVERSÁRIO DO PEDRO

Data da festa: 19-Set-2019
Comite organizador: Carla, Maria e Cassia
Data da provação deste Plano de Ações: 10-Jun-2019

O QUE	POR QUE	ONDE	QUEM	QUANDO	COMO
Definir tipo de festa	Para estimar o custo e lista de convidados	Casa da Carla	Carla	12-Jun-2019	Reunir-se com o aniversariante, apresentar opções e decidir.
Fazer lista de convidados	Para estimar custos e espaço	Casa da Carla	Carla	12-Jun-2019	Reunir-se com o aniversariante e criar a lista.
Definir o o tempo de duração da festa	Para estimar custos e espaço	Casa da Carla	Carla	12-Jun-2019	Reunir-se com o aniversariante, apresentar opções e decidir.
Definir o local da festa	Para negociar preço e reservar com antecedencia	Casa da Carla	Carla	12-Jun-2019	Reunir-se com o aniversariante, apresentar opções e decidir.
Agendar as atrações (fotógrafo, DJ)	Para negociar preço e reservar com antecedencia	Agencia Festa SA	Maria	15-Jun-2019	Ligar para agencia, negociar preço e fechar reserva.
Alugar cadeiras e mesas	Para que os convidados possam se sentar	Agencia Festa SA	Maria	15-Jun-2019	Ligar para agencia, negociar preço e fechar reserva.
Comprar os itens de decoração	Para decorar o ambiente da festa	Agencia Festa SA	Maria	15-Jun-2019	Ligar para agencia, negociar preço e fechar reserva.
Preparar os convites	Para enviar aos convidados por WhatsApp	Casa da Cassia	Cassia	18-Jun-2019	Utilizar o programa "CANVAS" online, salvar e enviar para aprovação do comite e aniversariante.
Contratar o buffet (comida e Bebida)	Para os convidados comer e beber durante a festa	Buffet Top ltda	Cassia	18-Jun-2019	Ligar para o buffet, negociar preço e fechar reserva.
Confirmar com os convidados as presenças	Para fechar a lista final de convidados que estarão de fato na festa.	Casa da Cassia	Cassia	25-Jun-2019	Enviar o convite via WhatsApp e solicitar confirmação de presença.
Receber o pessoal do buffet e da agencia de festa	Para descarregar os materiais, alimentos, bebidas e decorar os ambiente da festa.	Espaço da Festa	Carla	06-Jul-2019	Na portaria do espaço de festa, a partir das 8:00 hs da manhã no dia da festa.

Análise Swot Para Ajudar Um Amigo A Se Recolocar No Mercado De Trabalho

Um grande amigo que estava no mesmo emprego há 15 anos foi mais uma vítima da crise econômica e de saúde causada pelo COVID-19. Infelizmente, com a queda brusca das vendas e receita, a empresa não conseguiu arcar com os custos e teve que demitir 60% dos funcionários, entre eles o meu grande amigo.

Como muitas pessoas que já estavam há muitos anos no mesmo emprego e se sentiam seguros, ele nunca pensou em se preparar para uma mudança de emprego. Consequentemente, agora que está novamente no mercado de trabalho a procura de emprego, ele se deu conta que precisa se reinventar como profissional, pois a concorrência é muito grande. Além disso, se sente desatualizado.

Sugeri ao meu amigo que utilizássemos a ferramenta análise de SWOT para definirmos a estratégia que ele deve seguir para se reinventar e conseguir uma recolocação no mercado de trabalho. Então, analisamos o seu currículo profissional para identificar quais são os seus pontos fracos e fortes e, também, como está o cenário atual do mercado de trabalho em relação às oportunidades e ameaças. O resultado de nossa análise está demonstrado abaixo.

	POSITIVOS	NEGATIVOS
FATORES INTERNOS	• 15 anos de experiência comprovada em controle de qualidade de processos, análise de falhas em linhas de produção de eletrônicos. • Formação em Engenharia Elétrica e MBA em Administração de empresas. • Nível avançado de domínio da ferramenta Microsoft Office. • Acostumado a trabalhar on-line em projetos que envolvem equipes localizadas remotamente.	• Não fala inglês fluentemente. • Não aceita redução salarial. • Não tem experiência comprovada como gestor de pessoas • Não aceita mudar de Belo Horizonte / MG para não ficar longe dos filhos. • O último curso de atualização profissional com novas tecnologias foi realizado há mais de 5 anos.
FATORES EXTERNOS	• As empresas começaram a investir no trabalho remoto com ferramentas on-line e conferencie calos. • Profissionais com formação em Engenharia e muitos anos de experiência ainda são bastante procurados pela indústria. • O Real se desvalorizou em relação ao Dólar e o Euro, consequentemente a mão de obra no Brasil está custando 5 vezes menos que na Europa e USA. Portanto, Portanto, as multinacionais estão buscando profissionais qualificados no Brasil para repor a mão de obra de profissionais europeus e norte-americanos.	• A maioria das oportunidades de emprego na sua área de atuação estão disponíveis em São Paulo / SP. • Com a Pandemia de COVID-19 as empresas reduziram temporariamente as contratações. • As empresas estão reduzindo salários de obra devido aos prejuízos com a Pandemia de COVID-19 • Nos últimos 5 anos, a indústria vem adotando novas tecnologias de software e hardware para aumentar a produtividade reduzir custos.

Conforme resultado da análise de SWOT do seu currículo profissional acima, foram identificadas algumas ameaças que não podem ser mitigadas com ações do profissional somente, pois depende de muitos fatores que o mesmo não consegue atuar sobre. Por exemplo:

- Com a Pandemia de COVID-19 as empresas reduziram temporariamente as contratações;
- As empresas estão reduzindo salários devido aos prejuízos com a Pandemia de COVID-19.

No entanto, outras ameaças e fraquezas podem ser mitigadas com ações e mudança de mentalidade do profissional nos curto e médio prazos. Nesse sentido, ao minimizar essas duas situações e contribuir para a sua recolocação no mercado de trabalho o mais rápido possível, essas são as ações que serão tomadas pelo profissional:

1. Se matricular em curso intensivo de Inglês;
2. Considerar uma redução de até 30% do salário;
3. Se matricular em curso técnico profissionalizante de curta duração de atualização nas novas tecnologias da Industria 4.0;
4. Se candidatar para vagas de emprego que permitam o profissional trabalhar on-line remotamente por pelo menos 50% do tempo de trabalho;

Com as ações de mitigação de ameaças e fraquezas acima, o profissional aumenta consideravelmente suas chances de se recolocar no mercado de trabalho.

Ferramenta 5 Porquês Para Identificar A Causa Do Consumo Excessivo De Água

Analisando o histórico do consumo de água aqui de casa nos últimos 3 anos, notei que no inverno o consumo é extremamente mais alto do que nas outras estações do ano.

Então, resolvi aplicar a ferramenta 5 Porquês ou 5 Whys para identificar a causa raiz do consumo excessivo de água no inverno e eliminá-la; conforme a seguir.

Problema: Consumo excessivo de água durante o inverno.

	Pergunta	Resposta
1	Por que o consumo de água está muito alto durante o inverno?	Porque precisa completar o nível de água da piscina toda segunda-feira.
2	Por que precisa completar o nível de água da piscina toda segunda-feira?	Porque a piscina é utilizada aos sábados e domingos e o nível da água está baixando quando a piscina é utilizada.
3	Por que o nível da água está baixando quando a piscina é utilizada?	Porque o aquecedor solar da água da piscina está consumindo água em excesso quando é ligado.
4	Por que o aquecedor solar da água da piscina está consumindo água em excesso quando é ligado?	Porque o aquecedor solar da água da piscina está vazando água.
5	Por que o aquecedor solar da água da piscina está vazando água.	Porque as borrachas de vedação do aquecedor solar da piscina estão ressecadas pelo sol, trincadas e com vazamento.
Causa Raiz do Problema: As borrachas de vedação do aquecedor solar da piscina estão ressecadas pelo sol, trincadas e com vazamento.		

Conforme a análise de causa raiz acima utilizando a ferramenta 5 Porquês, foi identificado que causa raiz do consumo excessivo de água no inverno é o fato de que as borrachas de vedação do aquecedor solar da piscina estão ressecadas pelo sol, trincadas e com vazamento.

Como o aquecedor solar é utilizado muito mais frequentemente no inverno do que nas outras estações do ano, perde-se muita água pelos vazamentos nas trincas das borrachas de vedação do aquecedor solar. Por isso, durante o inverno, o consumo de água é tão alto.

Portanto, apliquei a ação corretiva "substituir as borrachas de vedação do aquecedor solar da piscina" para eliminar a causa raiz e solucionei o problema de consumo excessivo de água durante inverno aqui em casa.

Diagrama De Causa E Efeito Para Entender Causas Do Café Com Gosto Ruim

A minha família é do estado de Minas Gerais, um grande produtor e exportador de café. Portanto, fomos criados tomando bastante café e adoramos essa bebida maravilhosa. No meu caso especificamente, prefiro o café preto, ou seja, somente o café puro, sem leite ou açúcar. Se deixarem, tomo café o dia inteiro, todos os dias.

Portanto, quando provo um café e o gosto é ruim, as pessoas ao meu redor conseguem perceber pela expressão em meu rosto que eu não gostei do café, o que torna muito difícil para eu disfarçar e ser gentil com quem o preparou dizendo que gostei do café. E foi exatamente a essa situação que ocorreu no início deste ano.

Fizemos uma reunião de projeto no escritório aqui de casa com algumas pessoas da empresa e um colega de trabalho se propôs a ir até a cozinha e preparar um café para nós. Imediatamente, ficamos agradecidos pela proatividade do nosso colega. No entanto, quando eu provei o café não consegui disfarçar a minha cara de desaprovação, pois o café estava horrível. Todos a minha volta riram muito.

Para descontrair um pouco, decidimos fazer um barinstorming e utilizar a ferramenta Diagrama de causa e efeito ou Ishikawa para identificar as prováveis causas que levaram nosso amigo a fazer um café com gosto tão ruim. A seguir, o Diagrama de Ishikawa preenchido com o resultado do nosso bairnstorming.

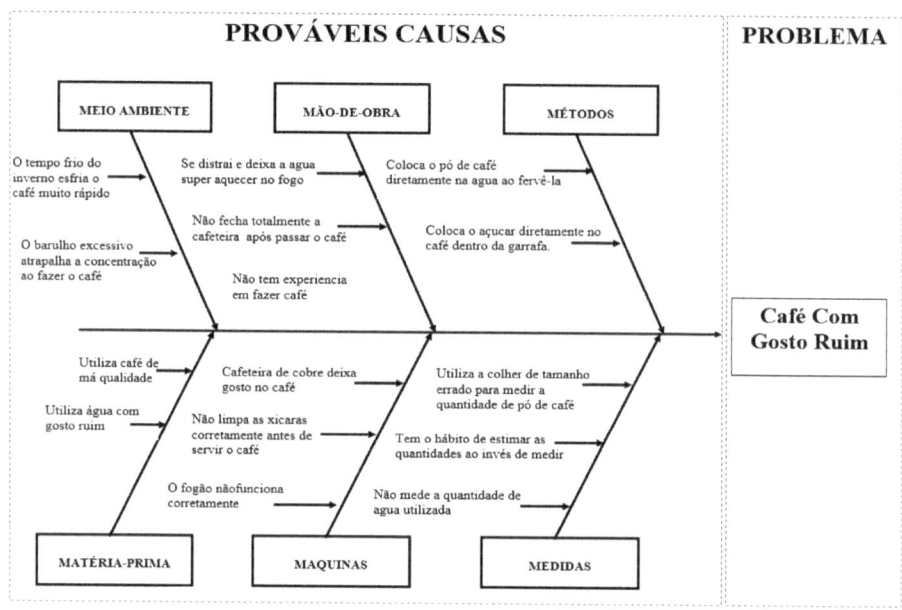

Matriz Gut Para Priorizar A Execução Dos Reparos Na Casa

Há seis meses estamos morando em uma casa que compramos no final do ano passado e fizemos um inventário dos problemas que descobrimos no imóvel e que precisam ser solucionados o mais rápido possível para evitar que piorem. Os problemas são:

- A fossa séptica precisa ser desativada e o esgoto ligado diretamente na rede pública;
- A banheira da suíte não funciona;
- A pintura das paredes externas da casa está descascada;
- Precisam ser instalados porcelanato nas paredes dos banheiros;
- As lâmpadas e câmeras do jardim não funcionam;
- O aquecedor solar da piscina está vazando água quando é utilizado;
- Há várias telhas quebradas no telhado.

O nosso maior desejo era poder resolver todos os problemas imediatamente e ficar livre deles. No entanto, todas as nossas economias foram usadas para comprar a casa, pagar os impostos, comissões, taxas e a mudança para o novo imóvel. Portanto, decidimos juntar dinheiro até o final do ano e resolver um problema de cada vez.

E para definir as prioridades e decidir em qual ordem iremos resolver cada um dos problemas listados acima, decidimos utilizar a Matriz GUT, conforme a seguir. Os critérios de classificação de cada problema conforme a matriz GUT estão definidos na tabela abaixo:

Gravidade (G)	Urgência (U)	Tendência (T)
1 - Sem gravidade	1 - Pode esperar	1 - Não irá mudar
2 - Pouco grave	2 - Pouco urgente	2 - Irá piorar a longo prazo
3 – Gravidade média	3 - Urgente	3 - Irá piorar a médio prazo
4 - Muito grave;	4 - Muito urgente	4 - Irá piorar a curto prazo
5 – Extremamente Grave	5 - Imediatamente	5 - Irá piorar rapidamente

Baseado nos critérios acima, fizemos a classificação de cada problema, conforme segue:

Problema	Gravidade	Urgência	Tendência	GxUxT	Prioridade
A fossa séptica precisa ser desativada e o esgoto ligado diretamente na rede pública.	5	4	3	60	2º
A banheira da suíte não funciona.	2	1	1	2	7º
A pintura das paredes externas da casa está descascada.	3	3	3	27	4º
Precisam ser instalados porcelanato nas paredes dos banheiros.	2	3	2	12	6º
As lâmpadas e câmeras do jardim não funcionam.	4	4	1	16	5º
O aquecedor solar da piscina está vazando água quando é utilizado.	3	4	3	36	3º
Há várias telhas quebradas no telhado.	4	5	4	80	1º

Como foi priorizado na matriz GUT acima, decidimos resolver primeiro o problema de telhas quebradas no telhado da casa, seguido da desativação da fossa séptica para ligar o esgoto residencial diretamente na rede de esgoto pública, posteriormente resolveremos os outros problemas, conforme a ordem abaixo:

1. Há várias telhas quebradas no telhado;
2. A fossa séptica precisa ser desativada e o esgoto ligado diretamente na rede pública;

3. O aquecedor solar da piscina está vazando água quando é utilizado;
4. A pintura das paredes externas da casa está descascada;
5. As lâmpadas e câmeras do jardim não funcionam;
6. Precisam ser instalados porcelanato nas paredes dos banheiros;
7. A banheira da suíte não funciona.

Seguindo a ordem acima, esperamos resolver todos os problemas dentro de um ano e sem comprometer totalmente o orçamento mensal.

8 Disciplinas Ou 8Ds Para Resolver O Problema De Cheiro De Fumaça No Apartamento

Eu morava em um lindo apartamento, no oitavo andar de um prédio, com 2 suítes, sacada e churrasqueira. O condomínio ainda tinha piscina, academia e brinquedoteca para as crianças. Eu adorava o imóvel e suas comodidades. No entanto, após 2 semanas, apenas, morando neste imóvel, comecei a sentir cheiro de fumaça dentro do apartamento.

Inspecionei todo o apartamento para verificar se havia algum sinal de fogo ou curto-circuito na parte elétrica que pudesse estar originando a fumaça. Não encontrei nenhuma origem de fumaça no imóvel. Então, concluí inicialmente que provavelmente a fumaça poderia teria vindo de fora do imóvel e entrado no apartamento pelas janelas que estavam abertas.

O dia seguinte era segunda-feira e fiquei fora o dia inteiro trabalhando e o quando cheguei em casa à noite, percebi o cheiro de fumaça novamente. Então, descartei a hipótese inicial de que a fumaça teria vindo de fora do imóvel, pois como fiquei fora o dia inteiro, as janelas e portas ficaram totalmente fechadas durante todo o dia.

Conversei com o síndico sobre o problema e perguntei se alguém no prédio havia reclamado do mesmo problema com ele. O mesmo me disse que já havia recebido aproximadamente cinco reclamações de moradores de outros apartamentos sobre o cheiro de fumaça dentro dos imóveis. Inclusive, havia reclamações específicas de que às vezes, a fumaça tinha cheiro de cigarro.

Como eu gostava bastante do imóvel e esse era o único ponto que me desagradava, propus ao síndico que utilizássemos a ferramenta da qualidade 8 Disciplinas ou 8Ds para resolver esse problema. Ele me respondeu que não conhecia essa ferramenta mas que estava disposto a tentar solucionar o problema utilizando-a.

Como a primeira disciplina ou primeiro "D" desta ferramenta consiste em formar o time que irá participar deste mini-projeto, convidamos os demais moradores que haviam reclamado do cheiro de fumaça em seus apartamentos para fazerem parte do time de 8D.

Apenas três entre os cinco moradores convidados puderam participar. Os demais moradores disseram que estariam à disposição para apoiar o time nas reuniões de condomínio, caso fosse necessário a aprovação de alguma solicitação de recurso financeiro.

Com o time definido, iniciamos o mini-projeto de aplicação da ferramenta da qualidade 8 Disciplinas ou 8Ds para resolver o problema de cheiro de fumaça no apartamento.

Após 3 meses de atividades, o projeto foi concluído com sucesso: eliminamos o problema de maneira definitiva, conforme detalhado abaixo.

D1 – Seleção do time que irá resolver o problema:

Nome	Apartamento
Flavio Mendes	804
Ana Soares	802
Claudia Silva	904 (Síndica)
João Paulo	102
Cristina Prado	114

D2 - Definição do problema:

5W1H	Descrição do Problema
O que foi descoberto?	O Cheiro de fumaça dentro do apartamento.
Qualm descobriu?	O problema foi relatado pelo Flavio Mendes, sendo que cinco moradores já haviam reclamado antes.
Como foi descoberto?	Mesmo com todas as janelas fechadas e nenhuma origem de fogo dentro do imóvel, ao chegar do trabalho à noite percebeu-se o cheiro forte de fumaça.
Quando aconteceu?	Em diversas ocasiões relatadas anteriormente por outros moradores, sendo que o caso relatado pelo Flavio ocorreu no domingo dia 17-Fev-2019 e na segunda-feira dia 18-Fev-2019.
Onde foi descoberto?	Nos apartamentos 802, 804, 904, 102, 112 e 114.

D3 - Implementação de Ação de Conter e Corrigir o Sintoma do Problema:

5W1H	Descrição Ação
O QUE	Manter as churrasqueiras das sacadas vedadas e as portas de todos os quartos e banheiros fechadas.
POR QUE	O time desconfia que a fumaça pode estar saindo das churrasqueiras mesmo quando elas não estão sendo utilizadas, portanto vedá-las pode diminuir a entrada de fumaça. Fechar as portas dos quartos e banheiros pode evitar que as roupas pessoais de cama e banho fiquem com cheiro de fumaça.
ONDE	Nas sacadas, quartos e banheiros dos apartamentos que apresentam o problema.
QUEM	Cada morador deve executar essas ações em seu apartamento.
QUANDO	Todos os dias até que o problema seja solucionado.
COMO	Para vedar a churrasqueira deve-se colar com fita adesiva um pedaço de plástico na frente da churrasqueira para bloquear a fumaça que possa tentar sair pelo local para dentro das sacadas. As portas dos quartos e banheiros devem permanecer fechadas e somente abri-las quando for passar alguém para entrar ou sair do ambiente.

D4 - Identificar a causa raiz:

QUALIDADE EM CASA

	5 Porquês ou 5 Whys	Resposta
1	Por que o apartamento está com cheiro de fumaça?	Porque a fumaça está saindo pela churrasqueira para dentro da sacada mesmo quando a churrasqueira não está sendo utilizada no momento.
2	Por que a fumaça está saindo pela churrasqueira para dentro da sacada mesmo quando a churrasqueira não está sendo utilizada no momento?	Porque o vizinho está fazendo churrasco em seu apartamento e a fumaça está saindo na churrasqueira do meu apartamento.
3	Por que a fumaça da churrasqueira do vizinho está saindo na churrasqueira do meu apartamento?	Porque a chaminé do prédio que é única por coluna e atende todas as churrasqueiras daquela coluna, tem um sistema de bloqueio para evitar que fumaça das churrasqueiras do vizinho saia pela churrasqueira de outro vizinho, mas esse sistema de bloqueio do duto da coluna da chaminé não está vedando corretamente quando fechado.
4	Por que o sistema de bloqueio do duto da coluna da chaminé não está vendando corretamente quando fechado?	Porque algumas tampas metálicas do sistema de bloqueio da fumaça da coluna da chaminé não estão fechando completamente.
5	Por que algumas tampas metálicas do sistema de bloqueio da fumaça do duto da coluna da chaminé não estão fechando completamente?	Porque algumas tampas metálicas do sistema de bloqueio da fumaça do duto da coluna da chaminé tem tamanho menor do que o especificado pelo projeto da construtora.

Causa Raiz do Problema:
Porque algumas tampas metálicas do sistema de bloqueio da fumaça do duto da coluna da chaminé tem tamanho menor do que o especificado pelo projeto da construtora.

D5 - Implementação de Ação Corretiva para eliminar a causa raiz do problema:

5W1H	Descrição Ação
O QUE	Substituir as tampas metálicas do sistema de bloqueio da fumaça do duto da coluna da chaminé por tampas com as medidas conforme especificado no projeto da construtora.
POR QUE	Para que o sistema de bloqueio do duto da coluna da chaminé possa vedar corretamente a saída da fumaça quando fechado.
ONDE	No duto da coluna da chaminé do lado dos apartamentos de número pares.
QUEM	A construtora sob supervisão da síndica, Claudia Silva, moradora, do apartamento 904.
QUANDO	No dia 20-Maio-2019
COMO	Inspecionar o tamanho de todas tampas metálicas do sistema de bloqueio da fumaça do duto da coluna da chaminé e substituir aquelas que estiverem fora da especificação do projeto da construtora. Substuição realizada, sem custo, em garantia, pois trata-se de erro de projeto da construtora.

D6 – Execução da Verificação da eficácia das ações:

> Foi definido como critério de verificação da eficácia das ações implementadas que:
>
> - Durante os três meses seguintes conclusão da ação corretiva, todos os moradores observariam se sentiam cheiro de fumaça dentro de casa quando não estavam utilizando as churrasqueiras e com as janelas fechadas.
> -
>   o Se alguém reclamasse nesse período do cheiro de fumaça dentro do imóvel, as ações implementadas seriam consideradas ineficazes.
>   o Se ninguém reclamasse nesse período do cheiro de fumaça dentro do imóvel, as ações implementadas seriam consideradas eficazes.
>
> Como após os três meses de verificação, ninguém reclamou do problema de fumaça dentro de casa quando não estavam utilizando as churrasqueiras e com as janelas fechadas. Isso significa que as ações corretivas implementadas foram consideradas eficazes.

D7 - Implementação de Ação preventiva:

O QUE	Inspecionar o tamanho de todas tampas metálicas do sistema de bloqueio da fumaça do duto da coluna da chaminé dos outros prédios que a construtora construiu utilizando as tampas deste mesmo fornecedor e substituir aquelas que estiverem fora da especificação do projeto da construtora.
POR QUE	Existe o risco de que outros prédios tenham o mesmo problema e ainda não tenham reclamado com a construtora. Portanto, agindo preventivamente, a construtora diminui a insatisfação do seus clientes.
ONDE	Em todos os prédios que a construtora construiu utilizando as tampas fornecidas por este mesmo fornecedor.
QUEM	Departamento de Engenharia da construtora.
QUANDO	De 01-Jun-2019 até 31-Dev-2019
COMO	A construtora irá contatar os síndicos de cada prédio e coordenar com ele o plano de inspeção e, se necessário, substituição das tampas.

D8 - Comemoração do sucesso da equipe:

Para celebrar o sucesso deste mini-projeto de resolução do problema de cheiro de fumaça nos apartamentos, reservamos o salão de festa do condomínio e fizemos um maravilhoso churrasco com muita picanha e Chopp.

O condomínio arcou com todos custos do churrasco como forma de reconhecer o trabalho do time.

Considerações Finais

Desde os tempos em que eu ainda era um estudante de qualidade no CEFET-MG, me faço essa pergunta: por que as pessoas não utilizam as ferramentas de Qualidade no seu dia a dia para tornar a sua vida melhor?

Cheguei a conclusão de que a provável resposta para a pergunta acima é: o tema "Qualidade" é muito técnico e ensinado nas escolas e universidades de forma que as pessoas associem as ferramentas de qualidade com os processos de uma empresa.

E, portanto, as pessoas imaginam que tais ferramentas não podem ser utilizadas para solucionar outros tipos de problemas, como pessoais, residenciais, etc.

Dessa forma, com exemplos práticos, espero ter atingido o objetivo de incentivar as pessoas a adotar as ferramentas de qualidade para resolver seus problemas de maneira definitiva e estruturada, tornando assim a sua vida um pouco melhor a cada problema solucionado.

About The Author

Flavio Luiz Mendes

Natural de Belo Horizonte / MG – Brasil e, desde 2017 reside em Blumenau / SC – Brasil.

Possui mais de 20 anos de experiencia como líder de garantia da qualidade e assuntos regulatórios na industrias automotiva e de fabricação de dispositivos médicos, trabalhando para empresas multinacionais com equipes localizadas no Brasil e no exterior. A sua formação academica inclui:

• Engenharia de Produção, pela Faculdade de Engenharia de Minas Gerais (FEAMIG) - Brasil;
• Tecnólogo em Normalização e Qualidade Industrial, pelo Centro Federal de Educação Tecnológica de Minas Gerais (CEFET-MG) - Brasil;
• MBA em Gestão de Projetos pela UNIASELVI de Santa Catarina – Brasil;
• Certificação em Negócios Internacionais, pelo Santa Ana College da California – USA

www.ingramcontent.com/pod-product-compliance
Lightning Source LLC
Chambersburg PA
CBHW040234220526
45473CB00001B/239